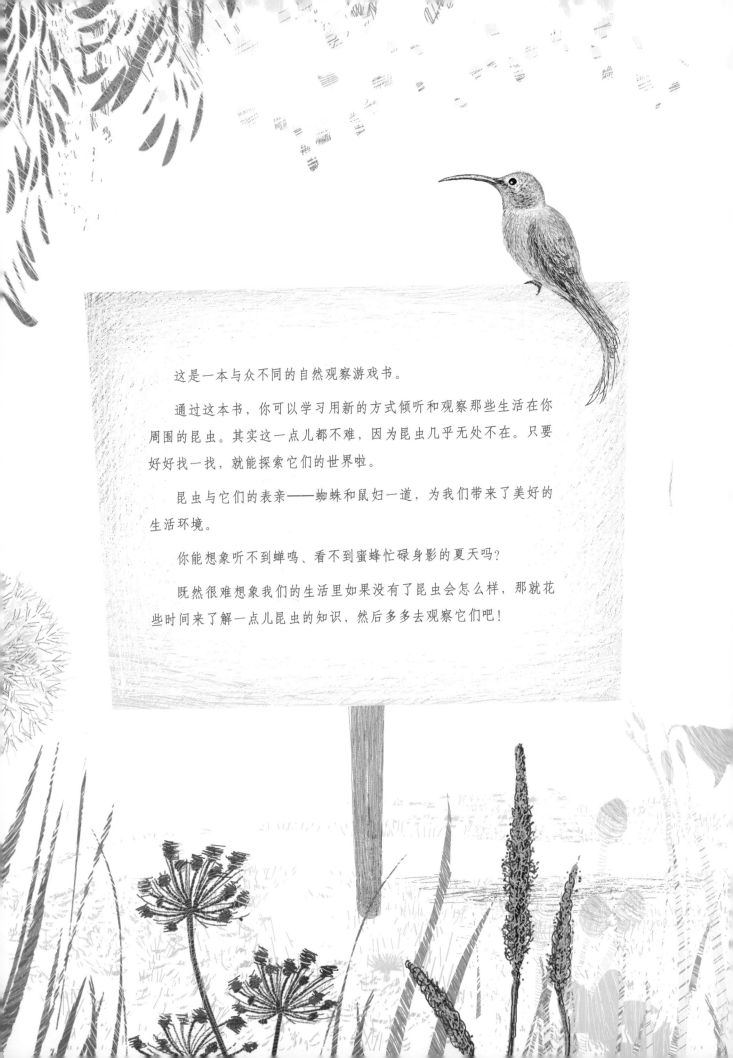

这是一本与众不同的自然观察游戏书。

通过这本书，你可以学习用新的方式倾听和观察那些生活在你周围的昆虫。其实这一点儿都不难，因为昆虫几乎无处不在。只要好好找一找，就能探索它们的世界啦。

昆虫与它们的表亲——蜘蛛和鼠妇一道，为我们带来了美好的生活环境。

你能想象听不到蝉鸣、看不到蜜蜂忙碌身影的夏天吗？

既然很难想象我们的生活里如果没有了昆虫会怎么样，那就花些时间来了解一点儿昆虫的知识，然后多多去观察它们吧！

我的
自然观察
游戏书

动物篇·昆虫

［法］弗朗索瓦·拉塞尔●著
［法］伊莎贝尔·辛姆莱尔●绘
李璐凝●译

上海社会科学院出版社
SHANGHAI ACADEMY OF SOCIAL SCIENCES PRESS

昆虫和我们

在我们的周围生活着许多生物，比如动物或者植物。我们为它们一一命名，并分出类别。这本书里讲的动物都属于昆虫。而你自己与鸟类、蜥蜴、蜘蛛或者蜈蚣都不属于昆虫。这是为什么呢？来看一看吧……

在下面画一个自己吧。

请用彩笔把这幅画里的红蝽画完。

画完后，从头到尾好好看一看它，你会发现，这种昆虫长得像一副面具，上面还有一双眼睛！

写一写
昆虫的五个特点

▶ ....

▶ ....

▶ ....

▶ ....

▶ ....

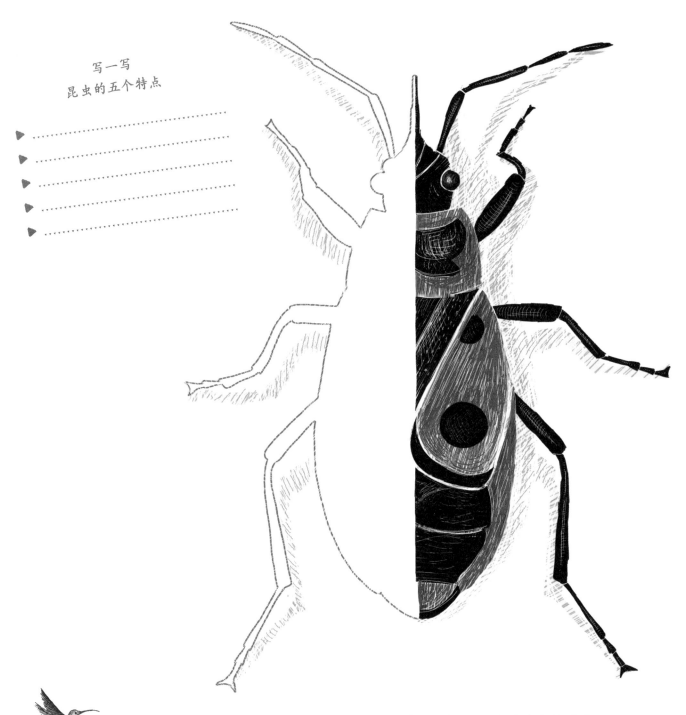

现在清楚地知道了吧，你和昆虫长得很不一样！不过，昆虫和人类都属于动物。如果再靠近点仔细观察一下，你会看到它的眼睛、口器和腹部，腹部还一动一动的。

答案：有触角，体形小，有6条腿，有翅膀，有多双眼睛

3

三对足和两只触角

　　节肢动物门（这是一个专业术语，指身体分节、附肢也分节的小型动物）包括甲壳亚门（比如虾、蟹）、螯肢亚门（比如蜘蛛）、多足亚门（比如蜈蚣）和六足亚门（比如蚊子）以及已灭绝的三叶虫亚门！如果要把一种动物归为六足亚门中的昆虫纲，它必须有三对足，不能多也不能少；两只触角；一般还会有翅膀。

　　甚至专家还说，昆虫的身体分成三个部分，但我们不是总能分辨得那么清楚。

请剪下第 35 页节肢动物的身体部位图，并把它们贴在相应的位置上。

这里只有一只昆虫，把它圈出来吧！

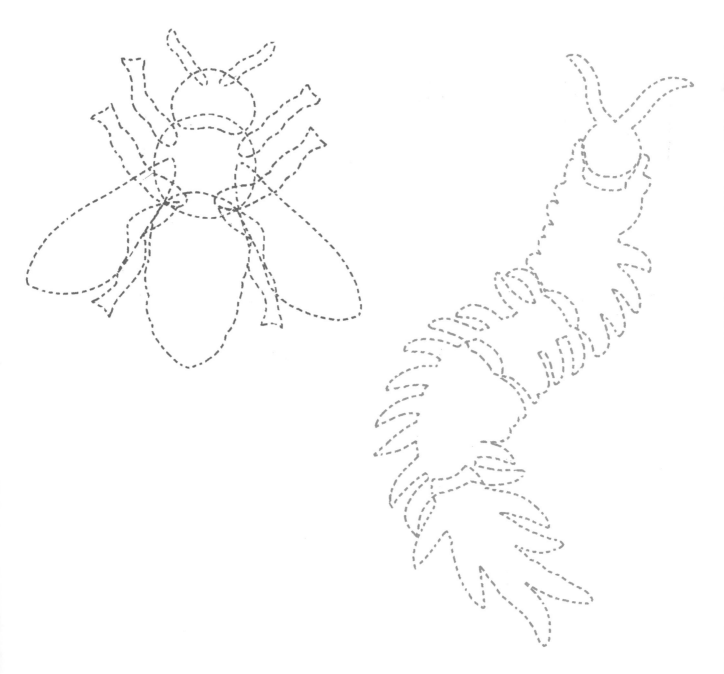

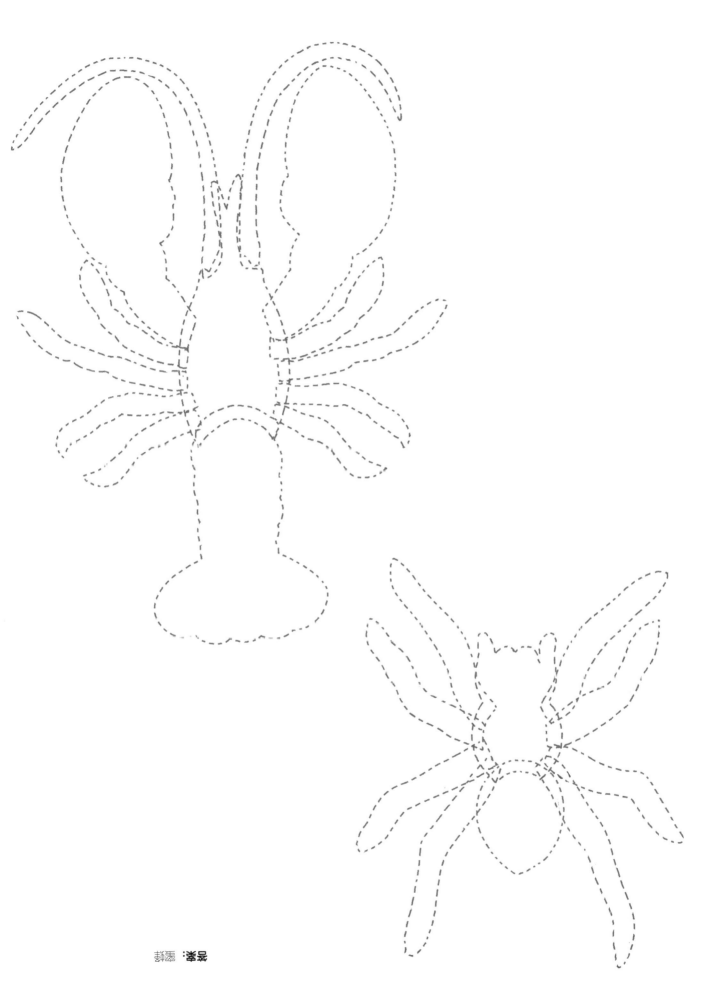

龙虾　蝎子

昆虫的学名

在每只昆虫的旁边，都写着它们的拉丁学名。请剪下第 37 页带有这些昆虫中文名称的标签，把它们贴在相应的位置上。

Papilio machaon

Tabanus bovinus

Coccinella septempunctata

Bombus terrestris

Musca domestica

拉丁语是一种已经没有人说的语言了，但科学家仍用它来为生物命名。你知道苍蝇的学名是"muscidae"吗？

是苍蝇还是大黄蜂？

有些昆虫长得特别相像，让人难以分辨。比如，有一种黑带食蚜蝇，长着黄黑相间的条纹，很像大黄蜂。这样的"伪装"可以让鸟儿和其他天敌望而却步！实际上，黑带食蚜蝇一点儿攻击性都没有。如果你伸出手掌，它甚至有可能落在上面。

利用下面的线索，找一找哪只是大黄蜂？哪只又是黑带食蚜蝇？请把它们的名字写在下面吧。

黄蜂
▶ 触角长
▶ 眼睛中等大小
▶ 腰细
▶ 翅膀窄且纵向折叠

黑带食蚜蝇
▶ 触角短
▶ 眼睛特别大
▶ 腰没有那么细
▶ 一对宽大的翅膀

七星瓢虫的生长周期

在我们的周围，昆虫们过着一种时而隐蔽，时而暴露的生活。这跟天气、季节、它们的生活习性以及生长阶段都有关系。昆虫的生长分为四个阶段：虫卵、幼虫、蛹、成虫。

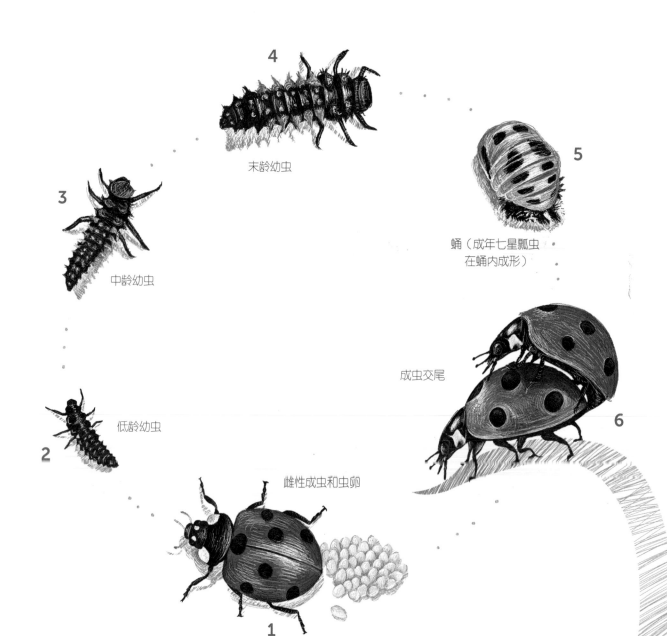

4
末龄幼虫

5
蛹（成年七星瓢虫
在蛹内成形）

3
中龄幼虫

低龄幼虫

成虫交尾

2

雌性成虫和虫卵

6

1

春天的时候，你常常可以在蚜虫附近发现七星瓢虫的黑色幼虫，因为它们在找蚜虫吃。当你看到蚜虫时，不妨仔细看看它们的周围……

请把圆点按顺序连接起来，看看它是什么昆虫，然后给这只昆虫涂上颜色吧！

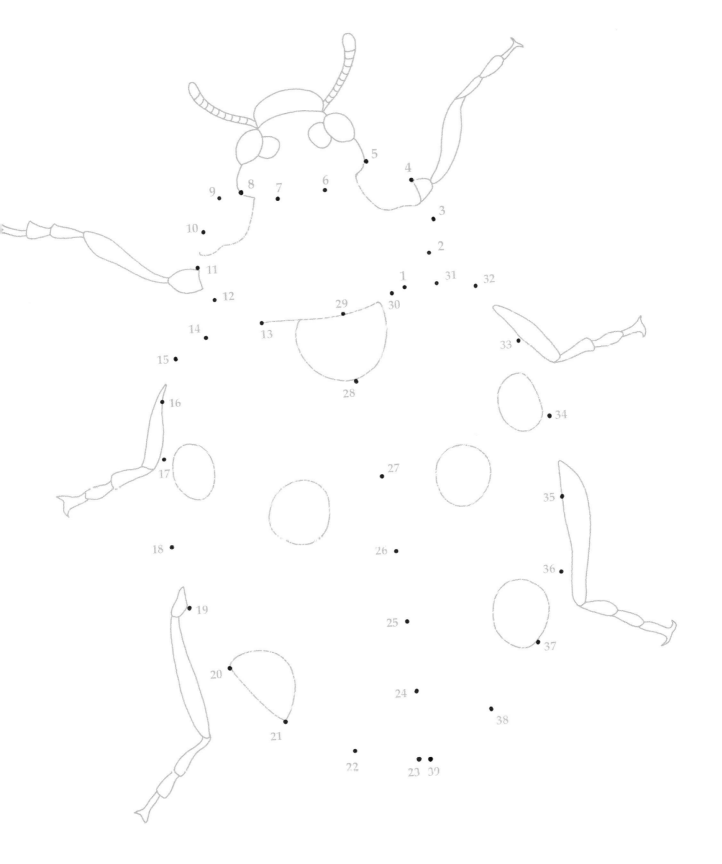

你身边的昆虫

请剪下第 37 页的昆虫图片，并把它们贴在相应的位置上。

一起在书里找找线索吧！

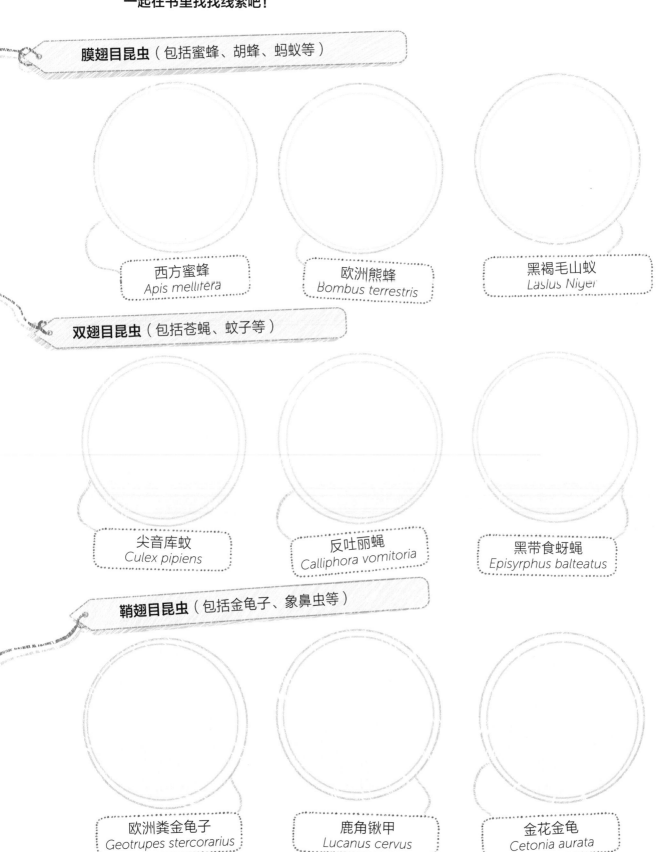

膜翅目昆虫（包括蜜蜂、胡蜂、蚂蚁等）

西方蜜蜂
Apis mellitera

欧洲熊蜂
Bombus terrestris

黑褐毛山蚁
Laslus Niger

双翅目昆虫（包括苍蝇、蚊子等）

尖音库蚊
Culex pipiens

反吐丽蝇
Calliphora vomitoria

黑带食蚜蝇
Episyrphus balteatus

鞘翅目昆虫（包括金龟子、象鼻虫等）

欧洲粪金龟子
Geotrupes stercorarius

鹿角锹甲
Lucanus cervus

金花金龟
Cetonia aurata

昆虫在哪里栖息？

和你一样，昆虫也需要一个生存的空间。但在我们的周围，适合它们生存的地方并不多。

请给下面的图涂上颜色吧！看一看，哪里最适合金凤蝶生活？勾选出来。

答案：花园比花圃好。因为主题的花圃，蝴蝶需要刻意去寻找供它们繁衍与繁殖的绿意。另外，整洁的草坪、无虫害的凤蝶的毛毛虫喜欢吃茴香之类，需要种在花草丛中我们刚种植的土地几个星期。

吃饭啦！

你是不是认为所有的昆虫都吃同一种东西呢？当然不是啦！

请给昆虫的食物涂上颜色吧。

薰衣草的花

小红蛱蝶

丝光绿蝇

欧洲粪金龟子

牛粪

鸟的尸体

野生胡萝卜的花

意大利镶边臭虫

欧洲熊蜂

水飞蓟（jì）

金凤蝶的毛虫

蚯蚓

麻蝇

花的颜色

最先吸引昆虫的，是花的颜色。因为花朵绚丽多姿，从很远的地方就能看到。然后，昆虫会根据花的形态、气味和味道来做出选择。

昆虫看到的颜色和我们人类看到的是不一样的——有些颜色它们能看见，有些颜色它们看不见。

在下面这些花里，有一种花在蜜蜂眼里是黑色的，你来猜猜是哪一种呢？

给你提供一点小线索——蜜蜂和人类能看到的颜色分别如下：

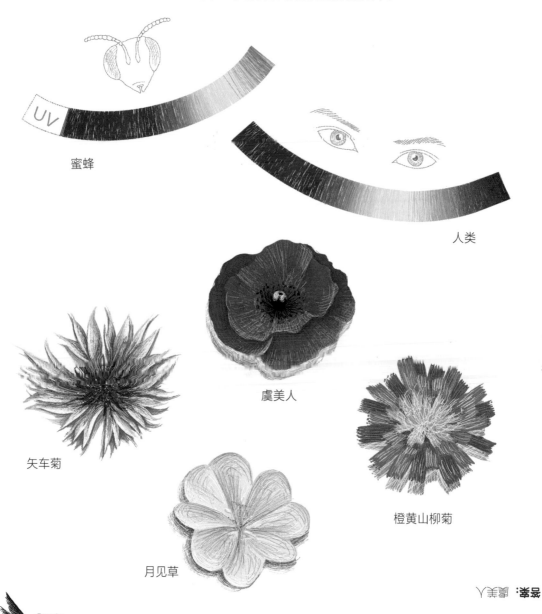

蜜蜂

人类

虞美人

矢车菊

橙黄山柳菊

月见草

答案：虞美人

五颜六色的花和以花为食的昆虫是同时出现在地球上的，它们相互依存，彼此适应！昆虫用眼睛发现花，用触角感觉花，然后用口器品尝花。

假装你自己是一只昆虫，现在就出发去寻找一朵花吧。在下面画出你最喜欢的一种花。如果你认识这种花，就写下它的名字，并在花朵上再画一只昆虫吧。

授粉昆虫

昆虫通过它们的足和绒毛传播花粉，帮助许多植物繁殖后代。

花朵通过自身的形态、色彩、气味和味道来吸引昆虫。昆虫落在花朵上采食花蜜或花粉，然后在花朵之间传授花粉，帮助花朵结出果实。这样的昆虫被称为"授粉昆虫"。

1 春天来了，苹果树开花了。

昆虫在花间飞来飞去，把雄蕊上的花粉传授给雌蕊。这一行为使花朵得以授粉（就像花朵怀孕了）。

花粉

2

从花朵到苹果

5

渐渐地，花朵变为苹果。

4

3 授粉完成后，花朵的一部分慢慢长大，其余的部分则逐渐枯萎，花瓣也慢慢凋谢。

因此，你在花朵上见到的那些昆虫，其实是被花朵的颜色、形状、气味或者味道吸引来的，它们会借助这些信息记住它们钟爱的那些种类的花，并能很容易就找到它们。

请剪下第 39 页的昆虫图片，贴在花朵四周吧。

从开花到结果

多亏授粉昆虫的帮助，花朵才能结出果实。这就是为什么科学家要保护所有那些在花丛中飞来飞去的昆虫，比如蜜蜂或者蝇类。

请把每一种花和它的果实连起来吧。

答案在第 39 页

选两种你喜欢的水果，查一查它们的花是什么样子的，然后把水果和花都画下来吧。

神奇的昆虫

孔雀蛱蝶的翅膀上长了一双大"眼睛"，酷似孔雀尾羽上的水滴状斑纹。当它在花丛中飞来飞去时，很是惹人注目。休息时，它会收起翅膀，变成一片枯叶的形状，你几乎看不出来这是一只蝴蝶，因而它也很难被天敌们（比如鸟类）发现。

有斑螽（zhōng）斯

雌性有斑螽斯的尾部有一把"小刀"，而雄性没有。只要认准这把"小刀"，你就能分清雌雄啦！雌性有斑螽斯通常是在树上产卵，这把"小刀"就是它的产卵器。仔细看，你会发现它身上遍布着深红色的小斑点，没有翅膀。它通常在花园里活动，以树叶为食。

20

鹿角锹甲

鹿角锹甲长着一对大大的"角"，在欧洲，人们也叫它"会飞的鹿"！

其实，它们并不是角，而是颚。雄性鹿角锹甲用这对大颚与其他雄性同类打斗。相比而言，雌性个头较小，也没有大颚。

李枯叶蛾

这种蛾子长得太像一片枯叶了，你很难在树叶间发现它！

如此伪装，它的天敌们（比如鸟类）就发现不了它啦。李枯叶蛾在树上生活，幼虫以树叶为食。到了冬天，幼虫会藏起来过冬，直到春天来临。

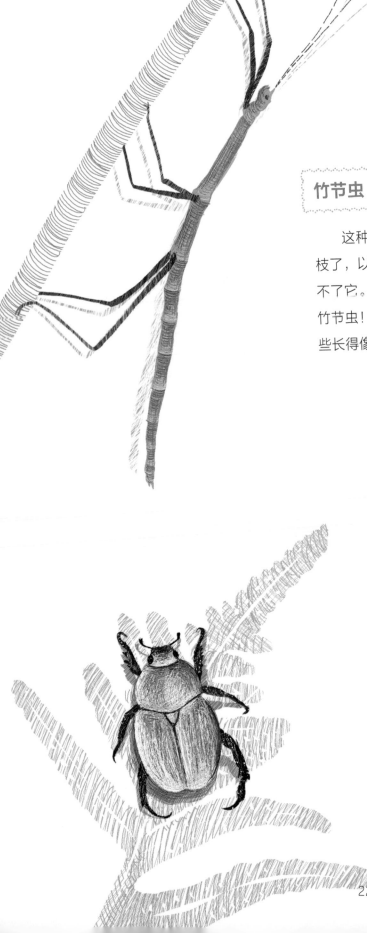

竹节虫

　　这种昆虫长得太像一根根小树枝了，以至于鸟类或者蜥蜴都发现不了它。但鸟类和蜥蜴都很喜欢吃竹节虫！竹节虫的种类很多，有一些长得像一片绿色的叶子。

豆蓝金龟子

　　当人们在花草中发现它时，会误以为自己发现了一小颗被人遗落的宝石！

　　在乡村，人们常能看到豆蓝金龟子，它喜欢停在花朵上。

普蓝眼灰蝶和红蚁

　　红蚁会把普蓝眼灰蝶的幼虫带回蚁巢，然后小心翼翼地保护起来；并任由普蓝眼灰蝶的幼虫吃掉蚁卵！作为回报，普蓝眼灰蝶的幼虫会分泌一种液体供红蚁享用。

椎头螳螂

　　这种小型螳螂生活在法国南部。人们根据它幼年时期头和触角的样子，将其称为"小恶魔"！不过，椎头螳螂并没有什么攻击性，而且即便你靠得很近，它也不会躲开。

准备一只放大镜！

画一画你在家里或外面遇到的昆虫吧。试着写一写你是什么时候、在哪里遇见它们的，当时它们在做什么，当时的天气怎么样……

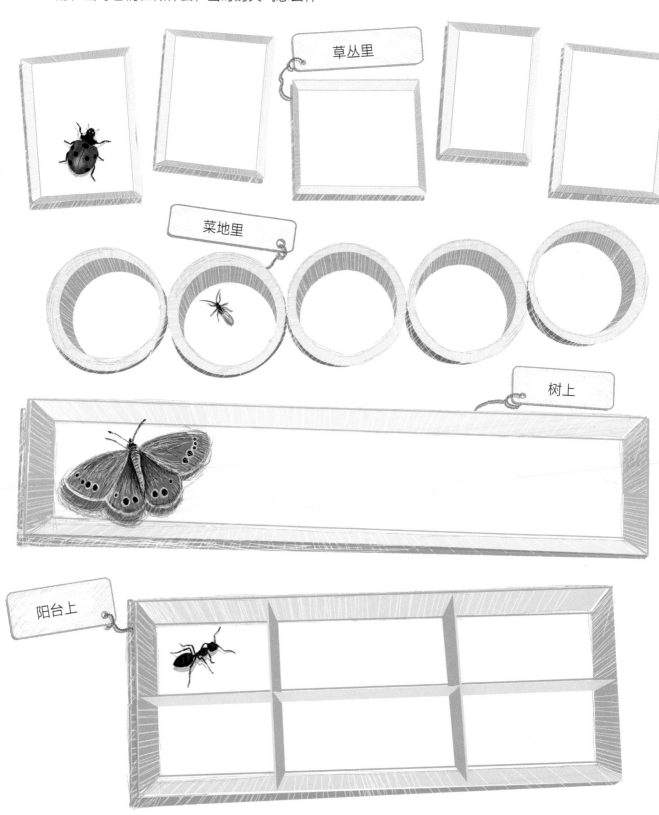

草丛里

菜地里

树上

阳台上

树上

家里

其他的地方

如何把蝴蝶吸引过来？

想让蝴蝶或别的昆虫到你家的阳台上或花园里来玩吗？很简单，只要放上它们爱吃的东西，它们就会来。

如果你看到飞来飞去的蝴蝶，就按下面的方法试一试吧。

橘子片

材料
- ▶一个汁水充足的橘子
- ▶一根线或者一根细绳

请大人帮忙把橘子切成片，然后用细绳穿起来；再把穿好的橘子片挂在两根树枝之间，或者挂在阳台上。

烂水果糊

材料
- ▶一个碗、一把叉子
- ▶蜂蜜、枫糖浆或龙舌兰糖浆
- ▶熟透了甚至腐烂了的水果
- ▶水、白糖、盐

把水果放进碗里，用叉子戳碎，加入 1~2 勺蜂蜜（或枫糖浆、龙舌兰糖浆），1 勺白糖和一小撮盐，搅拌成糊状。把拌好的水果糊用大刷子涂抹在树干上。如果水果糊太稠，就加点水。

在阳台上或没有树的花园里，你可以把水果糊平摊在浅盘子里。最好在盘子中间放一块平整的石头，这样蝴蝶就能落在石头上，享用它的水果糊大餐啦。

甜甜的绳子

　　倒上半杯水，加入 1 勺蜂蜜、1 勺白糖和一小撮盐，搅拌均匀。把绳子放进杯子里浸湿，然后拿出来，拴在花园的树枝上。如果绳子上的甜水变干了，就再把绳子浸湿。

蝴蝶奶瓶

　　在奶瓶里加 10 勺水、3 勺白糖、3 勺蜂蜜和半勺盐。盖好奶瓶，摇晃均匀。把奶瓶的奶嘴朝下，倒挂起来。用不了多久，你就会看到有蝴蝶落在奶嘴上喝甜水啦。

　　如果有条件，就在你家花园的僻静处留出一个小角落，种些野花吧。蝴蝶和蝴蝶幼虫都会喜欢这儿的！

蜂类大家族

蜂类是昆虫中的大家族。在法国，有 1000 多种蜂，其中最有名的是蜜蜂。

蜜蜂

有时蜜蜂会在树洞里安家，不过，通常它们生活在人类专为它们建造的房子——蜂箱里。蜂箱里生活着三种蜜蜂：工蜂、雄蜂和唯一的蜂王。在酿蜜的过程中，每种蜜蜂各司其职。

蜂王在巢房中产下几千枚卵。卵孵化为幼虫，幼虫渐渐长成蜜蜂。

雄蜂与蜂王交尾的过程是在飞行中完成的。

花蜜是花朵中甜甜的液体。工蜂去采集花蜜，并将花蜜带回蜂箱，再嘴对嘴地喂给其他工蜂。

工蜂通过舞蹈告诉同伴，蜂箱外哪里有可采蜜的花。

混合了许多只工蜂的唾液后，花蜜变成了蜂蜜，被
储存在巢房里。

巢房是工蜂用蜂蜡（一种由工蜂腹部的蜡腺分泌出
来的蜡）修筑的，用来储存蜂蜜、花蜜、花粉或安置虫
卵与幼虫。

在高温的作用下，酿制中的蜂蜜会逐渐变干，待干到恰到好处
时，工蜂便会将巢房封盖起来。需要喂养幼虫时，或是在冬季无蜜
可采以及天气不佳无法采蜜的时候，工蜂便会启用这些储备的蜂蜜。

欧洲熊蜂

欧洲熊蜂生活在地下的巢穴里。冬天，除了蜂王，所有的
熊蜂都会死去。到了春天，蜂王重新筑巢、产卵，再度建立起
一个新的王国。

壁蜂

这种野蜂不产蜂蜜。春天，雌性壁蜂与雄蜂交尾后
筑巢。它采集花蜜、花粉，喂养它那些躲在蜂巢里的孩
子们。壁蜂整个冬天都在蜂巢里度过。

蜂类，以及许多其他昆虫，都没有以前那么健康了，因为人类留给它们的野花太
少了，没有污染的自由空间太少了！在野外造一个野蜂蜂巢很简单。在网上查查怎么
做吧，接下来就看你的啦！不过，一定要注意安全哟！

蚂蚁的工作

在昆虫世界里，要说谁最有名，那当然是蚂蚁啦。这很正常，因为蚂蚁数量巨大，而且经常在我们的房子周围活动。另外，工蚁不会飞，当它们在地面上爬行时，我们就能看到。

有时候，蚂蚁会不请自来，在我们的厨房里到处爬来爬去找吃的，比如几粒白糖。

下面是一个蚁群的一些生活场景，请你在空白的地方画上蚂蚁吧，因为我们实在是画不过来了！

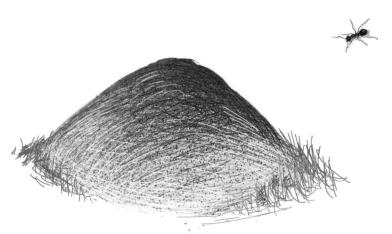

修筑这样一个圆丘形的蚁巢
需要很多土和小树枝。

雄蚁和蚁后每年交尾一次，有
时在空中，有时在草丛里。

蚁后

蚁后是蚁群中唯一能
生育后代的蚂蚁。

雄蚁

雄蚁和蚁后交尾
后就会死去。

工蚁

工蚁负责各种各样的工作，比
如寻找食物。工蚁没有翅膀，
我们经常看到它们在地上穿梭
忙碌的身影。

蚂蚁可以与同伴交流，彼此通报在哪儿能找到食物，
因此它们常常奔向同一个地方。

蚂蚁非常爱吃蚜虫的粪便，这种粪便是甜的，人们叫它"蜜露"。

蚂蚁会在蚁巢里储存食物，用来
过冬或应对糟糕的天气。

蚁后一旦建起了它的王国，便不再动窝了。

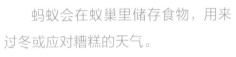

很多动物都吃蚂蚁。

有些种类的蚂蚁能从腹部向敌人喷射
蚁酸（蚁酸会让敌人产生刺痛感）。

有些鸟儿会洗蚁酸浴。它们在蚁群里舒展身子，张开翅膀，让蚂蚁朝自己喷射
蚁酸。蚁酸能杀死鸟儿身上的寄生虫，比如跳蚤等。

保护昆虫，你也能尽一份力！

马泰奥今年 7 岁，住在位于法国阿尔代什省科利布里斯的黄杨树村。他非常喜欢昆虫，曾经养过薄翅螳螂。秋天的时候，马泰奥从野外捡回来一个薄翅螳螂的卵鞘。春天，幼虫开始孵化，它们以蚜虫为食。后来，为了让幼虫吃到足够多的蚜虫，他把它们交给了温室的园丁。

不管是在家里还是在学校，保护昆虫，你也能尽一份力。

我们提供了一些想法，可以请你的爸爸、妈妈或老师来帮助你完成。

建造一个可以让昆虫筑巢和产卵的昆虫旅店

昆虫旅店的大小取决于你可利用的空间与材料。昆虫旅店的样式、高度、层数等没有一定之规。你也可以参考其他便于搭建的模型。

一个好的昆虫旅店要能抵御糟糕的天气，底层要高出地面约 30 厘米；要安置在朝南向或东南向，也就是面向有阳光的方向，尤其要注意背向清晨的大风；还要离花近一些。

欢迎虫虫！

请爸爸妈妈不要再给花园里或阳台上的植物喷洒杀虫剂了，因为这些杀虫剂会杀死许多无害的野生昆虫。你可以做一个小牌子，把它竖在花园里或阳台上，提醒他们不要忘记！

种一片小花田，吸引授粉昆虫

种一些开花植物吧，薰衣草、鼠尾草、茴香、薄荷、锦葵、马鞭草、玻璃苣、小葱、墨角兰……什么都可以！这样一来，昆虫就会来享用花蜜和花粉了。

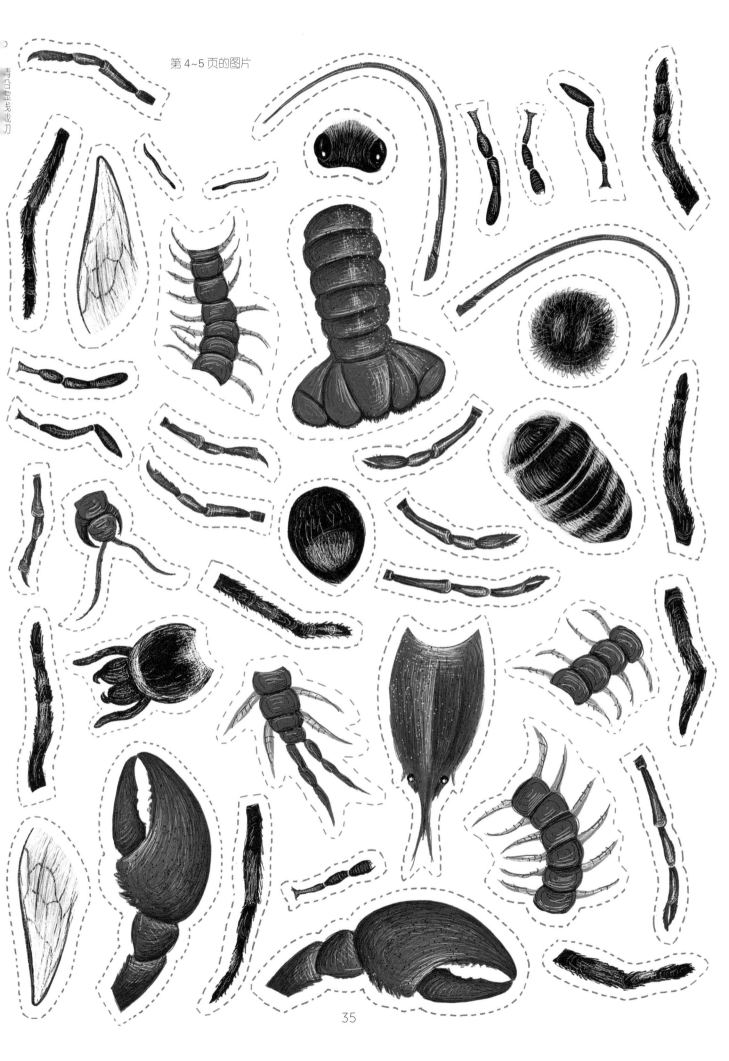

第 6 页的图片

金凤蝶

牛虻

家蝇

欧洲熊蜂

七星瓢虫

第 10 页的图片

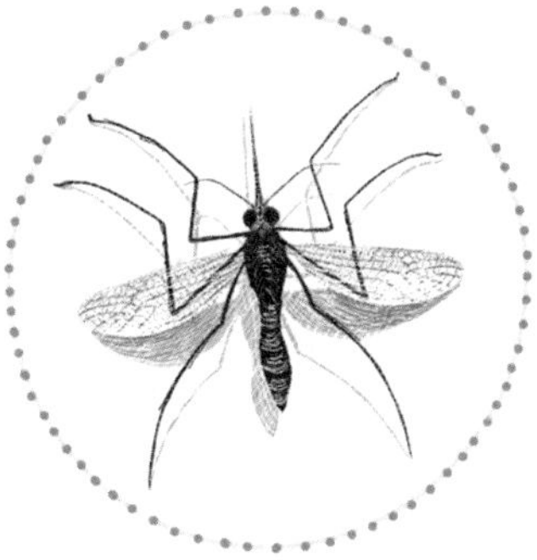

第 17 页的图片

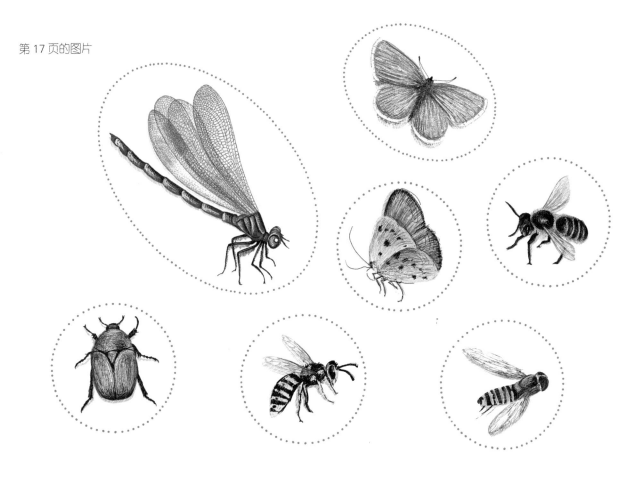

第 18 页的答案

你最喜欢的昆虫是什么样的？把它们拍下来或者画出来吧。请告诉我们你是在哪里发现的，你为什么喜欢它。

期待你把自己的想法和摄影作品、绘画作品分享给我们！请扫描二维码，收听本书的音频专辑，在专辑里点击"留言"就可以上传啦！

图书在版编目（CIP）数据

我的自然观察游戏书.动物篇：《昆虫》《鸟儿》《可怕的动物》/（法）弗朗索瓦·拉塞尔，（法）伊芙·赫尔曼著；李璐凝译；（法）伊莎贝尔·辛姆莱尔，（意）罗贝塔·罗基绘.—上海.上海社会科学院出版社，2020

ISBN 978-7-5520-3386-1

Ⅰ.①我… Ⅱ.①弗… ②伊… ③李… ④伊… ⑤罗… Ⅲ.①自然科学—少儿读物 Ⅳ.① N49

中国版本图书馆 CIP 数据核字（2020）第 234964 号

我的自然观察游戏书（动物篇）：昆虫 鸟儿 可怕的动物

著　者：〔法〕弗朗索瓦·拉塞尔 〔法〕伊芙·赫尔曼
绘　者：〔法〕伊莎贝尔·辛姆莱尔 〔意〕罗贝塔·罗基
译　者：李璐凝
责任编辑：赵秋蕙
特约编辑：晋西影
封面设计：田　晗
出版发行：上海社会科学院出版社
　　　　　上海市顺昌路 622 号　　邮编 200025
　　　　　电话总机 021-63315947　销售热线 021-53063735
　　　　　http://www.sassp.cn　　E-mail: sassp@sassp.cn
印　刷：鹤山雅图仕印刷有限公司
开　本：889 毫米 ×1194 毫米　1/16
印　张：8.25
字　数：48 千字
版　次：2021 年 2 月第 1 版　2021 年 2 月第 1 次印刷
审 图 号：GS（2020）6714 号

ISBN 978-7-5520-3386-1/N · 007　　　　定价：119.80 元（全三册）

版权所有　翻印必究